前　言

茄果类蔬菜主要包括番茄、茄子、辣椒，由于其产量高，生长及供应的季节长，经济利用范围广泛，所以全国各地普遍种植。茄果类蔬菜作物性喜温暖，不耐霜寒及高温，在华南热带地区以冬、春栽培为主，其产品供应为北方冬、春茄果类蔬菜生产淡季做出了重要贡献。热带地区光、热资源丰富，年均降水量丰富，是我国的天然大温室，不仅有利于茄果类蔬菜作物生长发育，同时也有利于病虫害的发生与蔓延，增加了茄果类蔬菜安全生产难度。

编者从2010年11月至今，通过走访热区冬季茄果类主产区，采集发病植株，拍摄典型病斑及害虫，并将病株带回实验室进行病原鉴定，现将这些资料整理成册，希望能把这些病虫害诊断识别与防控知识，传授给生产一线需要的人。在调查病虫害过程中，深切体会到菜农和基层技术人员非常需要实用化的茄果类蔬菜病虫害诊断与防控技术。

本书主要介绍热带冬季茄果类蔬菜病虫害鉴别与防控，具体内容分为叶部真菌病害（灰霉病、褐斑病、白粉病、早疫病、炭疽病、晚疫病、叶霉病、灰叶斑病和蔓枯病）、根部真菌病害（立枯病、猝倒病、枯萎病、疫病、黄萎病和褐纹病）、根结线虫病（根结线虫）、细菌病害（青枯病、软腐病和细菌性叶斑病）、病毒和虫害（蓟马、螨虫、斑潜蝇、烟粉虱、烟青虫和蚜虫）六大部分，配有田间典型危害症状图片，相应的致病病原菌形态和综合防治方法，图片清晰，典型，易于田间识别，图文并茂，准确实用。

本书在编写过程中得到中国农业科学院蔬菜花卉研究所李宝聚研究员和中国科学院微生物研究所郭英兰研究员在病原菌鉴定方面的帮助，在此表示感谢！本书得到海南儋州国家农业科技园区资助，在此表示感谢！同时对书中所参引资料的原文作者表示衷心的感谢！

现病、虫对农药普遍产生耐药性，防治方法要因地制宜，书中内容所涉及农药和防治方法仅供参考，建议读者在阅读本书的基础上，结合本地实际情况和病虫害防治经验进行试验示范后再推广应用，因错误使用农药而造成的药害和药效问题，恕不负责。由于编者水平有限，书中不妥和错误之处在所难免，恳请各位专家和读者批评指正。

热带冬季茄果类
蔬菜病虫害鉴别与防控

杜公福　王康文　杨　衍　主编

中国农业科学技术出版社

图书在版编目（CIP）数据

热带冬季茄果类蔬菜病虫害鉴别与防控 / 杜公福，王康文，杨衍
主编 . —北京：中国农业科学技术出版社，2018.7

ISBN 978-7-5116-3745-1

Ⅰ . ①热… Ⅱ . ①杜… ②王… ③杨… Ⅲ . ①茄果类－病虫害防治
Ⅳ .①S436.41

中国版本图书馆 CIP 数据核字（2018）第 129560 号

本书得到海南儋州国家农业科技园区和公益性行业
（农业）科研专项（201503123-10）资助

责任编辑	李冠桥
责任校对	贾海霞
出 版 者	中国农业科学技术出版社
	北京市中关村南大街12号　　邮编：100081
电　　话	（010）82109705（编辑室）　（010）82109702（发行部）
	（010）82109709（读者服务部）
传　　真	（010）82106625
网　　址	http: // www.castp.cn
经 销 者	各地新华书店
印 刷 者	北京建宏印刷有限公司
开　　本	710mm×1 000mm　1/16
印　　张	5.5
字　　数	100千字
版　　次	2018年7月第1版　　2018年7月第1次印刷
定　　价	38.00元

《热带冬季茄果类蔬菜病虫害鉴别与防控》

编委会

主　编：杜公福　王康文　杨　衍

副主编：申龙斌　戚志强　曹振木

参　编：李晓亮　韩　旭　刘子记　牛　玉

目　　录

第一章　叶部真菌病害

第二章　根部真菌病害

第三章　根结线虫病

第四章　细菌病害

第五章　病毒病害

第六章　虫害

第一章　叶部真菌病害

第一节　茄果类蔬菜灰霉病

图1-1　辣椒灰霉病果柄症状

图1-2　辣椒灰霉病茎秆症状

图1-3　番茄灰霉病叶片症状

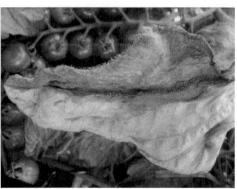

图1-4　番茄灰霉病叶片症状

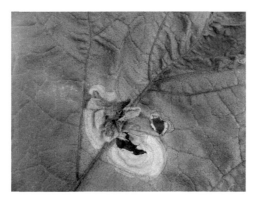
图1-5 茄子残花带菌感染叶片症状

图1-6 茄子灰霉病果柄症状

灰葡萄孢（*Corynespora cassiicola*）形态特征

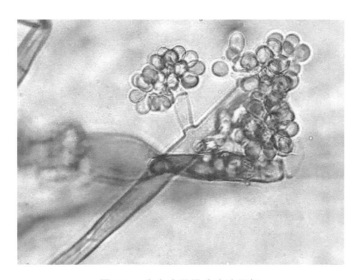
图1-7 分生孢子及分生孢子梗

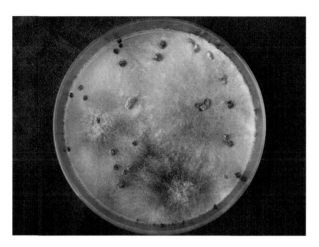

图1-8 菌落形态

分生孢子卵形，椭圆形；
分生孢子梗褐色，末端膨大，密生小梗着生孢子。

茄果类蔬菜灰霉病	
病原菌	灰葡萄孢（Botrytiscinerea）
主要发生部位	幼果、叶片、茎秆
主要发病原因	环境高湿，冷凉的温度（18～23℃）
药剂防治靶标（喷施部位）	花、幼果、中下部叶片

茄果类蔬菜灰霉病防治安全用药表				
防治对象	药剂名称	剂型	施药方法	稀释倍数
茄果类灰霉病	啶酰菌胺	50%水分散粒剂	喷雾	1 500倍液
	腐霉利	50%可湿性粉剂	喷雾	800倍液
	嘧霉胺	40%悬浮剂	喷雾	800倍液
	乙烯菌核利	50%水分散粒剂	喷雾	800倍液
	木霉菌	$2×10^8$个活孢子/克可湿性粉剂	喷雾	800倍液
	多·霉威	50%可湿性粉剂	喷雾	800倍液

茄果类灰霉病	
发病症状	① 叶片染病多始自叶尖,病斑呈"V"形向内扩展,后期生有灰霉枯死。 ② 植株上部叶柄及嫩茎发病,病部缢缩,其上密生灰霉。 ③ 病菌多从寄主伤口或衰老的器官及枯死的组织侵入,蘸花是重要的人为传播途径。 ④ 果实染病青果受害重,残留的柱头或花瓣多先被侵染,或向果面或果柄扩展,致果皮呈灰白色,软腐,后长出大量灰绿色霉层。 ⑤ 病果上灰霉层为分生孢子,借气流进行再侵染。
发病规律	① 花期是侵染高峰期。 ② 果穗膨大期浇水后是烂果高峰期。 ③ 存活能力强:分生孢子在自然条件下经138天仍有萌发能力;借气流可远距离传播。 ④ 侵染时间长:灰霉病在植株生长衰弱最易感病,而进入结果期恰恰是植株长势差的时候,从幼果期到生长后期均易发病。 ⑤ 扑杀难度大:该菌是寄生性较弱的病菌,腐生性较强,存在于棚内各个角落,很难只喷几次药将灰霉病消灭。 ⑥ 发病条件:发育适温20~23℃,对湿度要求很高,一般12月至翌年3月,气温20℃左右,相对湿度持续90%以上的多湿状态易发病。 ⑦ 初侵染源:以菌核在土壤中或菌丝及分生孢子在病残体上越冬或越夏,春季条件适宜,菌核萌发,产生分生孢子。 ⑧ 传播途径:分生孢子借气流、雨水或露珠及农事操作进行传播。
防治要点	① 灰霉病的防治技术:降低湿度,植株间合理种植,使植株间通风透光,采用高畦或起垄栽培,进行地膜覆盖;浇水宜在上午进行,发病初期适当节制浇水,严防过量,防止结露。 ② 灰霉病的防治技术:处治病果,摘除幼果上残留的花瓣和柱头可有效防治灰霉病传播发病喷药后及时摘除病果、病叶和侧枝,放在塑料袋中集中烧毁或深埋,严防乱扔,造成人为传播。 ③ 灰霉病的防治技术:药剂防治,啶酰菌胺。

第二节　茄果类蔬菜褐斑病

图1-9　辣椒褐斑病果实症状

图1-10　辣椒褐斑病果蒂症状

图1-11　辣椒褐斑病叶片正面症状

图1-12　辣椒褐斑病叶片背面症状

图1-13　番茄褐斑病叶片正面症状

图1-14　番茄褐斑病叶片背面症状

多主棒孢（*Corynespora cassiicola*）的形态特征

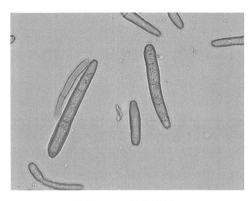

图1-15　分生孢子

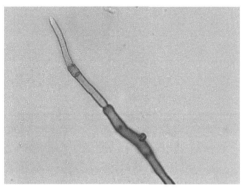

图1-16　分生孢子梗

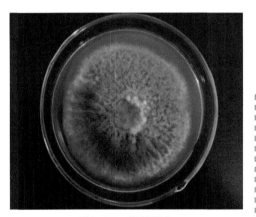

图1-17　菌落形态

分生孢子直或弯，倒棍棒状或圆柱状，有假隔膜；分生孢子梗褐色，具有圆柱状层出梗，具隔膜。

茄果类蔬菜褐斑病	
病原菌	多主棒孢菌（corynespora cassiicola）
主要发生部位	果柄、叶片、茎秆
主要发病原因	① 环境高温高湿；② 病残体带菌
药剂防治靶标（喷施部位）	中下部叶片、早期预防是关键

茄果类蔬菜褐斑病防治安全用药表				
防治对象	药剂名称	剂型	施药方法	稀释倍数
茄果类褐斑病	露娜森	42.8%悬浮剂	喷雾	2 000倍液
	咪鲜胺	50%可湿性粉剂	喷雾	1 500倍液
	拿敌稳	75%水分散粒剂	喷雾	2 000倍液
	嘧菌酯·苯甲	32%悬浮剂	喷雾	1 000倍液
	枯草芽孢杆菌	10亿个孢子/克可湿性粉剂	喷雾	800倍液

茄果类褐斑病	
发病症状	病斑周围有浅黄色晕圈，黑褐色，有轮纹，病斑凹陷，病健处明显，病斑可逐渐扩展，该病害在叶片上发病特点为同时感染导致叶片背面和正面发病症状相似。
发病规律	①该病主要危害叶片、果柄等部分。 ②分生孢子靠气流传播，在植物生长季节可发生多次再侵染。 ③高温高湿度有利于该病害的发生，发病适温25～30℃。 ④分生孢子萌发最适湿度为90%以上，水膜有利于孢子萌发。
防治要点	① 种植密度适宜，并及时打掉底部老叶，利于田间透风透光。 ② 清洁田园，把病叶、病秧、残枝等，清除出田外集中深埋或烧毁。 ③ 该病菌侵染成功率非常高，若超过3%的植株叶片感染发病后施药，将无法取得满意效果，所以早期做好防护措施，及时施药是关键。 ④ 病原菌易随环境改变而发生变异，易对多种化学杀菌剂药剂产生抗药性。 ⑤ 已经对多菌灵和嘧菌酯产生抗性，不建议生产上用于防治棒孢叶斑病；建议使用咪鲜胺、露娜森和苯醚甲环唑防治该病害，并进行交替使用，避免产生抗药性。

第三节　茄果类蔬菜白粉病

图1-18　辣椒叶片正面褪绿

图1-19　辣椒叶片背面着生白色霉层

图1-20　茄子叶片正面着生白色霉层

图1-21　茄子花萼着生白色霉层

图1-22　番茄叶片正面着生白色霉层

图1-23　番茄叶片褪绿着生白色霉层

白粉菌（*Oidium*.sp）的形态特征

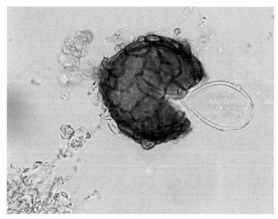

图1-24 闭囊壳及子囊

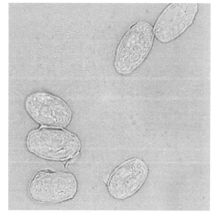

图1-25 分生孢子

闭囊壳散生或聚生，无性态分生孢子无色，圆柱形，椭圆形，单胞串生，两端钝圆。

茄果类蔬菜白粉病	
病原菌	粉孢属（Oidium.sp）
主要发生部位	叶片、花萼
主要发病原因	① 环境忽干忽湿； ② 病残体带菌
药剂防治靶标 （喷施部位）	中下部叶片、叶正面、背面

茄果类蔬菜白粉病防治安全用药表

防治对象	药剂名称	剂型	施药方法	稀释倍数
茄果类白粉病	露娜森	42.8%悬浮剂	喷雾	2 000倍液
	绿妃	29%悬浮剂	喷雾	1 500倍液
	硝苯菌酯	36%乳油	喷雾	1 500倍液
	拿敌稳	75%水分散粒剂	喷雾	2 000倍液
	寡糖·戊唑醇	33%悬浮剂	喷雾	1 500倍液
	乙嘧酚	25%悬浮剂	喷雾	800倍液
	苯醚甲环唑	10%水分散粒剂	喷雾	1 000倍液

茄果类蔬菜白粉病

发病症状	病斑上有一层白色霉，类似白色粉笔末，被害部分产生近圆形或不规则形粉斑，可相互愈合，成为边缘不明显的大片，其上布满白粉状物，可造成叶片枯黄、皱缩，幼叶常扭曲、干枯。
发病规律	① 该病主要危害叶片、叶柄、嫩茎、芽及花瓣等幼嫩部分。 ② 分生孢子靠气流传播，在植物生长季节可发生多次再侵染。 ① 高湿度是病害发生的主要因素，冷凉的气候也适于白粉病的发生。发病适温16～24℃。 ② 耐干燥分生孢子萌发最适湿度为97%～99%，水膜对孢子萌发不利。 ③ 下雨后，天气干燥，田间湿度大，白粉病易发生。 ④ 特别是高温干旱与高温高湿交替出现时，发病重。
防治要点	① 施足经过充分腐熟的有机肥，增施磷、钾肥，可提高植株抗病力。 ② 种植密度适宜，并及时打掉底部老叶，利于田间透风透光。 ③ 清洁田园，把病叶、病秧、残枝等，清除出田外集中深埋或烧毁。 ④ 应加强放风，降低湿度，科学浇水，创造一个不利于白粉病发生发展的环境 ⑤ 发病初期，可选用价格较便宜，效果又好的农药，如三唑酮（粉锈宁）；发病重时，可选用效果佳、价钱较贵的农药，如氟吡菌酰胺+嘧菌酯、吡唑醚菌酯+苯醚甲环唑等。
难治的原因	① 在适宜条件下，白粉病菌繁殖量大，分布广泛，不易控制。 ② 常规药剂由于使用时间长，白粉菌产生抗性，防效下降。 ③ 喷药用水碱性太大，影响新型药剂特别是含醚菌酯成分药剂的药效。 ④ 喷药器械不适用，喷药技术不高，导致药液大量流失，致使在正常喷液量下达不到治病所需剂量。

第四节　茄果类蔬菜早疫病

图1-26　番茄叶片正面轮纹病斑

图1-27　番茄新叶感病

图1-28　番茄茎秆轮纹病斑

图1-29　番茄果柄和萼片感病

图1-30　辣椒叶片正面轮纹病斑

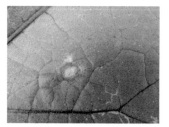

图1-31　茄子叶片轮纹浅褐色病斑

茄链格孢（*Alternaria solani*）的形态特征

图1-32　分生孢子

图1-33　分生孢子梗

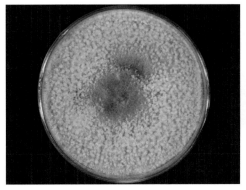

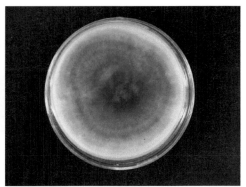

图1-34　PDA培养基上菌落正面　　　　图1-35　PDA培养基上菌落背面

分生孢子具有横隔膜，纵隔膜，横隔膜处略缢缩；分生孢子梗数根丛生，柱状，直或略弯，褐色，有隔膜；菌落最初产生灰白色的菌丝体，然后慢慢变深褐色。

茄果类蔬菜早疫病	
病原菌	茄链格孢（Alternaria solani） 链格孢（Alternaria alternaria）
主要发生部位	叶片、茎秆
主要发病原因	① 环境高温高湿； ② 病残体带菌
药剂防治靶标 （喷施部位）	中下部叶片

茄果类蔬菜早疫病防治安全用药表				
防治对象	药剂名称	剂型	施药方法	稀释倍数
茄果类早疫病	异菌脲	50%可湿性粉剂	喷雾	800倍液
	苯醚甲环唑	10%水分散粒剂	喷雾	1 000倍液
	拿敌稳	75%水分散粒剂	喷雾	2 000倍液
	吡唑醚菌酯	250克/升乳油	喷雾	1 500倍液
	苯甲·咪鲜胺	35%水乳剂	喷雾	1 500倍液
	代森锰锌	70%可湿性粉剂	喷雾	600倍液

茄果类蔬菜早疫病	
发病症状	叶片感病，初期病斑针状黑点，并逐渐变为圆形、深褐色至黑色，随后病斑逐渐扩大。 ① 呈近圆形至圆形，有同心轮纹，湿度大时着生褐色霉层。 ② 新叶染病病斑多为不规则形，严重时导致新叶干枯。 ③ 茎秆染病，发病初期病斑灰褐色、椭圆形、稍凹陷，具有同心轮纹。 ④ 果实发病，病斑圆形或近圆形，黑褐色，稍凹陷，也具同心轮纹其上长有黑色霉层。
发病规律	① 结果初期开始发病，一般老叶开始发病。 ② 可经气孔、皮孔或表皮直接侵入，经2~3天潜育后出现病斑，通过气流和雨水飞溅传播。 ③ 连作、低洼地、基肥不足、种植过密、单株果实过多、植株生长势弱、浇水过多或通风不良的地块，发病较重。 ④ 发病条件：为高温高湿型病害，温度为18~30℃时利于病害的发生与蔓延。 ⑤ 初侵染源：主要以深褐色菌丝、分生孢子及厚垣孢子随病残体在土壤中越冬或存活数年，也可附着在种子表皮或内部越冬，成为翌年初侵染源。病原菌可以辗转存活在多种茄科作物上，进行循环为害。
防治要点	① 早疫病的调控技术：合理密植，适时轮作，植株间合理种植，使植株间通风透光，采用高畦或起垄栽培，进行地膜覆盖；浇水宜在上午进行，发病初期适当节制浇水，严防过量，防止结露；应与非茄科作物（谷类等）进行3~4年轮作，减少连作障碍。 ② 早疫病的预防技术：种子消毒，种子用50℃温水浸泡20~30分钟。播种前对种子进行处理，可有效减少病原菌基数，防止其为害种子及幼苗。 ③ 早疫病的防治技术：药剂防治，10%苯醚甲环唑水分散粒剂800~1 000倍液等。

第五节　辣椒炭疽病

图1-36　果实发病凹陷

图1-37　果实发病着生小黑点

图1-38　辣椒果实
　　　　染病

图1-39　叶片正面病斑

图1-40　叶片背面病斑

图1-41　辣椒
　　　　果实染病

炭疽菌（*Colletotrichun* sp）的形态特征

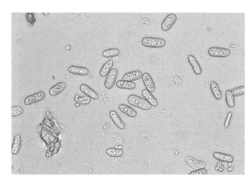

图1-42　炭疽菌分生孢子（单胞圆柱形）

图1-43　褐色刚毛

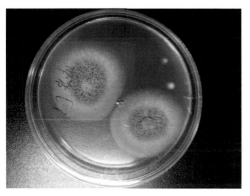

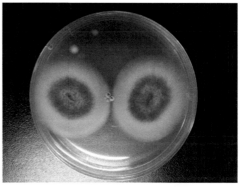

图1-44　PDA培养基上菌落正面　　　　图1-45　PDA培养基上菌落背面

分生孢子，圆柱形，长卵形，两端钝圆或基部平截稍尖，无色，单胞，内含颗粒状物，正直或微弯；
刚毛单生或散生于分生孢子盘体内或周围，暗褐色，顶端色淡，较尖，基部略粗，正直或微弯，具有隔膜。

辣椒炭疽病	
病原菌	炭疽菌（Colletotrichun sp）
主要发生部位	叶片、果实
主要发病原因	① 环境高温高湿； ② 病残体带菌
药剂防治靶标 （喷施部位）	中下部叶片

15

辣椒炭疽病防治安全用药表				
防治对象	药剂名称	剂型	施药方法	稀释倍数
辣椒炭疽病	炭特灵（溴菌腈）	25%可湿性粉剂	喷雾	600倍液
	百菌清	75%可湿性粉剂	喷雾	800倍液
	苯醚甲环唑	10%水分散粒剂	喷雾	1 000倍液
	拿敌稳	75%水分散粒剂	喷雾	2 000倍液
	吡唑醚菌酯	250克/升乳油	喷雾	1 500倍液
	咪鲜胺锰盐	50%可湿性粉剂	喷雾	1 500倍液

茄果类蔬菜炭疽病	
发病症状	① 叶片感病时，一般表现为褐色水浸状的圆形斑，病斑凹陷，可穿孔，后期轮生小黑点。 ② 果实感上病时，表现为褐色水浸状的圆形斑，发展到一定程度后，病斑逐渐凹陷，形成小粒点（黑色、灰褐色或橙红色），呈同心轮纹斑排列，高湿时病部为黏质物（即分生孢子），颜色为淡红色或橙红色。干燥时病部干缩变薄，易破裂。
发病规律	① 通常，病菌多由寄主的伤口入侵，借助风雨的传播进行再次侵染。 ② 一般易发病的果实表现为成熟衰老或者受伤，及时采果可有效地避免病菌的侵染。 ③ 发病条件：适宜温度为25～33℃；该病害孢子萌发的最适宜环境相对湿度约为95%，环境的相对湿度低于70%则不利于该病害的发生。高温多雨或高温高湿、排水不良、田间郁蔽、长势衰弱、密度过大、施肥不当或氮肥过多、通风不好，都会加重此病的发生和流行。 ④ 炭疽病菌主要以分生孢子附着于种子表面，或者是以菌丝体潜伏在种子内部，或者以菌丝体和分生孢子盘在病残体上越冬，成为下一个季节该病发生的初侵染源。
防治要点	① 炭疽病的调控技术：通风排湿，适时轮作，选择排灌方便、地势高燥、地下水位较低、土层深厚、疏松、肥沃的地块中进行种植通风排湿，避免因高温高湿条件而造成病害的重发；严重地块应与非寄主作物进行3年以上轮作。 ② 炭疽病的预防技术：种子消毒，55℃温水中浸种20分钟，或用1 000毫克/千克的70%代森锰锌或50%多菌灵药液浸泡2小时。 ③ 炭疽病的防治技术：药剂防治，咪鲜胺与多菌灵、灭菌丹、甲霜·恶霉灵混用，增效作用比较明显。

第六节　番茄晚疫病

图1-46　番茄叶正背面水渍状病斑

图1-47　番茄叶背面着生白色霉层

图1-48　番茄果实油浸状浅褐色病斑

图1-49　番茄果实着生白色霉层

图1-50　番茄果柄、萼片着生白色霉层

图1-51　番茄茎秆水渍状，着生白色霉层

番茄晚疫病	
病原菌	致病疫霉（Phytophthora infestans）
主要发生部位	叶片、果实、茎秆
主要发病原因	① 环境低温高湿； ② 雨水及农事操作传播
药剂防治靶标（喷施部位）	中下部叶片，早期防治是关键

番茄晚疫病防治安全用药表				
防治对象	药剂名称	剂型	施药方法	稀释倍数
番茄晚疫病	霜霉威	72.2%水剂	喷雾	1 000倍液
	烯酰吗啉	50%可湿性粉剂	喷雾	1 000倍液
	霜脲·锰锌	72%可湿性粉剂	喷雾	750倍液
	银法利（氟菌·霜霉威）	75%水分散粒剂	喷雾	1 000倍液
	氰霜唑	10%悬浮剂	喷雾	1 500倍液
	烯酰·磷酸铝	50%可湿性粉剂	喷雾	750倍液

番茄晚疫病	
发病症状	① 叶片发病，初期叶面出现暗绿色水渍状不规则病斑，病斑扩大后变为褐色，叶背一般为水渍状，发病的叶脉呈深褐色，湿度大时会出现白色霉层。 ② 茎秆染病，出现褐色水渍状病斑，不规则形，稍凹陷，湿度大时会出现白色霉层。 ③ 果实发病，初期油浸状浅褐色病斑，发病部位多从近果柄处开始，逐渐蔓延，导致果实腐烂，湿度大时会出现白色霉层。
发病规律	① 发病条件：为低温高湿型病害，温度为15～24℃时，空气相对湿度超过80%利于病害的发生与蔓延。 ② 初侵染源：主要以菌丝、卵孢子及厚垣孢子随病残体在土壤中越冬或存活数年，成为翌年初侵染源。 ③ 从叶片或茎的伤口、皮孔侵入，病害潜育期通常为2～3天。
防治要点	① 晚疫病的调控技术：改善栽培措施，采用膜下滴灌的栽培方式，降低湿度；发病初期，及时摘除病叶、病果，降低菌源量。 ② 晚疫病的预防技术：种子消毒，种子用50℃温水浸泡20～30分钟。播种前对种子进行处理，可有效减少病原菌基数，防止其为害种子及幼苗。 ③ 晚疫病的防治技术：药剂防治，10%苯醚甲环唑水分散粒剂800～1 000倍液等。

第七节　番茄叶霉病

图1-52　番茄叶片正面褪绿

图1-53　番茄叶片背面着生褐色霉层

图1-54　番茄叶片正面褪绿

图1-55　番茄叶片背面着生褐色霉层

图1-56　番茄叶片正面褪绿

图1-57　番茄叶片背面着生褐色霉层

黄褐钉孢（*Passalora fulva*）的形态特征

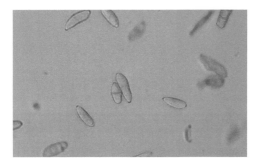

图1-58　分生孢子

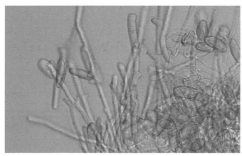

图1-59　分生孢子梗

图1-60　菌落正面

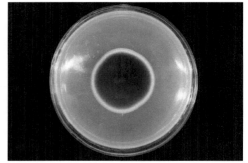

图1-61　菌落背面

分生孢子串生，卵形、椭圆形，无色或暗橄榄褐色，有隔膜；分生孢子梗多数丛生，橄榄褐色，具隔膜，每个隔膜细胞的上端向一侧膨大呈节状，上生分生孢子

番茄叶霉病	
病原菌	黄褐钉孢（Passalora fulva）
主要发生部位	叶片
主要发病原因	①环境潮湿；②品种感病
药剂防治靶标（喷施部位）	中下部叶片

番茄叶霉病防治安全用药表				
防治对象	药剂名称	剂型	施药方法	稀释倍数
番茄叶霉病	拿敌稳（肟菌·戊唑醇）	75%水分散粒剂	喷雾	2 000倍液
	春雷霉素	2%水剂	喷雾	1 000倍液
	多抗霉素	72%可湿性粉剂	喷雾	750倍液
	氟硅唑	40%乳油	喷雾	8 000倍液
	嘧菌酯·苯甲	32%悬浮剂	喷雾	1 000倍液

番茄叶霉病	
发病症状	叶片染病，叶面出现椭圆形或不规则形淡黄色病斑，叶背面病斑上长出灰褐色至黑褐色的绒状霉层，是病菌的分生孢子梗和分生孢子。条件适宜时，病叶正面也长出霉层。一般病株下部叶片先发病，后逐渐向上蔓延，病害严重时可引起全叶卷曲，植株呈现黄褐色干枯。
发病规律	① 番茄幼苗期就可以发生，直到结果后期均能发病。 ② 病原菌以菌丝体附着在病残体上，也可潜伏在种皮中或以分生孢子附着在种子表面越冬。第二年遇适宜条件即可产生分生孢子，借气流传播成为主要的侵染来源，引起初次侵染。 ③ 相对湿度越高（>80%）番茄叶霉病越易发生，每天高湿持续时间越长，发病越多。该病潜伏期为10～14天，病害从发生到流行时间很短。 ④ 种植过密，浇水过多，通风不良，湿度过大和光照不足，病害发生都比较重。
防治要点	① 叶霉病的调控技术：加强栽培，管理适当密植，加强通风透光，降低温湿度等措施控制病害流行。同时，合理施用氮肥，增施磷钾肥、硼肥和钙肥，特别要加大硫酸钾的使用量，以提高植株抗病能力。此外，通过摘除病叶以及与瓜类、豆类等作物轮作也是减少菌源量，抑制病害流行的可行方法。 ② 叶霉病的预防技术：种子消毒，种子在播种前应先在阳光下晒2～3天，然后用55℃温水浸种15～20分钟，并不断搅拌，再晒干播种，或用10%磷酸三钠浸种10～20分钟，捞出冲净后催芽。 ③ 叶霉病的防治技术：药剂防治，2%春雷霉素+10%苯醚甲环唑水分散粒剂800～1 000倍液。

第八节　番茄灰叶斑病

图1-62　番茄病斑褐色，边缘有黄色晕圈

图1-63　危害整片叶子

茄匍柄霉（*Stemphylium solani*）的形态特征

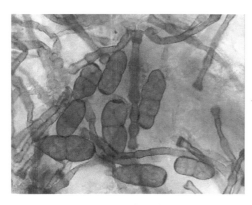

图1-64　分生孢子

图1-65　分生孢子梗

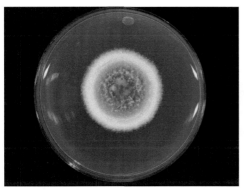

图1-66　菌落正面

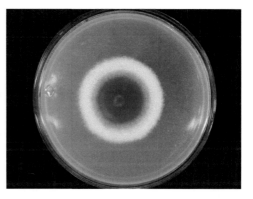

图1-67　菌落背面

分生孢子，倒棍棒形，褐色，光滑或具有细疣，具有横隔膜，数个纵、斜隔膜，多数在中间横隔膜处有缢缩，基部钝圆，顶端渐变细，脐部色深；分生孢子梗单生或数根簇生，圆柱形，直或弯曲，具若干结节状膨大部分，浅色至浅青黄褐色。

番茄灰叶斑病	
病原菌	茄匍柄霉（Stemphylium solani） 番茄匍柄霉（Stemphylium solani）
主要发生部位	叶片
主要发病原因	① 雨水及农事操作传播； ② 品种感病
药剂防治靶标 （喷施部位）	中下部叶片

番茄灰叶斑病防治安全用药表				
防治对象	药剂名称	剂型	施药方法	稀释倍数
番茄灰叶斑病	拿敌稳（肟菌·戊唑醇）	75%水分散粒剂	喷雾	2 000倍液
	啶酰菌胺	50%水分散粒剂	喷雾	1 500倍液
	百菌清	75%可湿性粉剂	喷雾	600倍液
	异菌脲	50%可湿性粉剂	喷雾	800倍液
	苯醚甲环唑	10%水分散粒剂	喷雾	1 000倍液

番茄灰叶斑病	
发病症状	叶片病斑初为褐色小点，以后逐渐扩大，初为圆形或近圆形，后期受叶脉限制呈多角形，有的病斑连成片呈不规则形，病斑中央灰白色至黄褐色，边缘深褐色，具有黄色晕圈，有的病斑上具有同心轮纹，叶片背面病斑颜色较叶片正面浅。
发病规律	① 番茄匍柄霉叶斑病一般从植株的老叶开始侵染。 ② 病菌可在土壤中的病残体及种子上越冬，成为该病的初侵染源。当温、湿度适宜时，当年发病叶上产生的分生孢子通过风、雨、喷水及其他农事操作进行传播，进行再侵染，在适宜条件下，该病传播极快，从发病到全株叶片感染只需2～3天。 ③ 温度在15～25℃范围内，相对湿度越大病害发生越严重。 ④ 连雨天、多雾的早晨以及温度忽高忽低变化均有利于该病的发生及蔓延。
防治要点	① 灰叶病的调控技术：农业防治，清除病残体，种植期内及时清除田间老弱病叶，在拉秧后及时将田间病残清理并焚烧，减少初始菌源。合理轮作，在发病较重的田块利用非寄主植物，如十字花科、瓜类蔬菜轮作3年以上。 ② 灰叶病的预防技术：种子消毒，种子在播种前应先在阳光下晒2～3天，然后用55℃温水浸种15～20分钟，并不断搅拌，再晒干播种，或用10%磷酸二钠浸种10～20分钟，捞出冲净后催芽。 ③ 灰叶病的防治技术：药剂防治，75%肟菌·戊唑醇水分散粒剂。

第九节 茄果类蔬菜蔓枯病

图1-68 辣椒叶片感病着生小黑点

图1-69 辣椒茎秆染病凹陷，着生小黑点

图1-70 番茄叶片染病

图1-71 番茄茎秆染病

壳二孢（*Ascochyta* sp）的形态特征

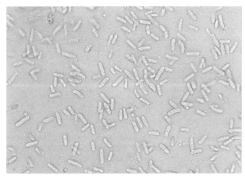

图1-72 蔓枯病原菌分生孢子

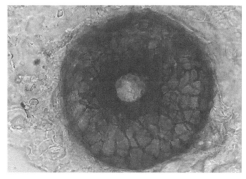

图1-73 分生孢子盘

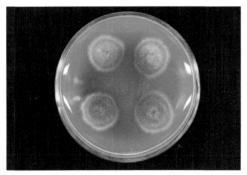

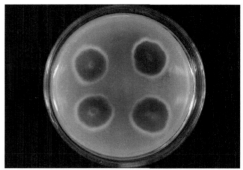

图1-74　PDA培养基上菌落正面　　　　　图1-75　PDA培养基上菌落背面

分生孢子单生，圆柱形，直或微弯，两端钝圆，无色，中央生一隔膜，有油球，有单胞，隔膜处有缢缩或无缢缩；分生孢子器叶面生，孔口外露，呈乳头状突起，球形，扁球形，淡褐色；孔口圆形，暗褐色，中央生。

番茄蔓枯病	
病原菌	壳二孢（Ascochyta sp）
主要发生部位	叶片、茎秆
主要发病原因	① 雨水及农事操作传播； ② 品种感病
药剂防治靶标（喷施部位）	中下部叶片和茎秆

番茄蔓枯病防治安全用药表				
防治对象	药剂名称	剂型	施药方法	稀释倍数
番茄蔓枯病	双胍·吡唑醚菌酯	24%可湿性粉剂	喷雾	1 000倍液
	啶氧菌酯	22.5%悬浮剂	喷雾	1 500倍液
	拿敌稳	75%水分散粒剂	喷雾	2 000倍液
	氢氧化铜	46%水分散粒剂	喷雾	800倍液
	苯醚甲环唑	10%水分散粒剂	喷雾	1 000倍液

番茄蔓枯病	
发病症状	① 叶片发病，初期为褐色小点，以后逐渐扩大，形成圆形或近圆形病斑，后期会在病斑上着生黑色小点。 ② 茎秆发病，出现褐色病斑，不规则形，稍凹陷，湿度大时会出现黑色小点。
发病规律	① 叶片发病一般从的叶缘开始侵染；茎秆多从茎基部或分支处。 ② 病菌可在土壤中的病残体上越冬，成为该病的初侵染源。当温、湿度适宜时，当年发病叶上产生的分生孢子通过风、雨、喷水及其他农事操作进行传播，进行再侵染，在适宜条件下，该病传播极快，从发病到全株叶片感染只需2~3天。 ③ 温度在15~25℃范围内，相对湿度越大病害发生越严重。 ④ 高湿多雨或多露时有利于该病的发生及蔓延。
防治要点	① 灰叶病的调控技术：农业防治，清除病残体，种植期内及时清除田间老弱病叶，在拉秧后及时将田间病残清理并焚烧，减少初始菌源。 ② 灰叶病的防治技术：药剂防治，24%双胍·吡唑醚菌酯可湿性粉剂1 000倍液。

第二章 根部真菌病害

第一节 茄果类蔬菜立枯病（茎基腐病）

图2-1 茄子茎基部溢缩，
有白色菌丝

图2-2 茄子萎蔫

立枯丝核菌（*Rhizoctonia solani*）的形态特征

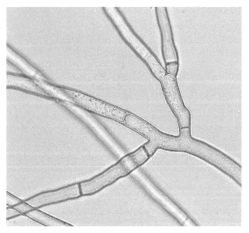

图2-3　菌丝分支出处溢缩

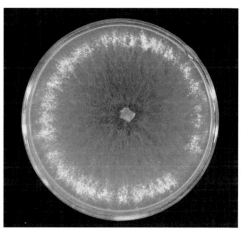

图2-4　菌落正面

菌丝初期无色，具隔膜和较多分枝，菌丝分枝与母枝呈近直角，分枝处具明显缢缩，离分枝不远处有一个隔膜，病原菌不产生无性孢子。菌落近圆形，初期白色，蛛丝状，后期变为浅黄褐色至深褐色，并且会在菌落外围产生深褐色的微小菌核。

茄果类蔬菜立枯病	
病原菌	立枯丝核菌（Rhizoctoniasolani）
主要发生部位	茎基部
主要发病原因	① 土壤及环境湿度过大； ② 土壤带菌
药剂防治靶标 （喷施部位）	苗床及发病茎基部

茄果类蔬菜立枯病防治安全用药表				
防治对象	药剂名称	剂型	施药方法	稀释倍数
茄果类蔬菜立枯病	恶霉灵	15%水剂	灌根	1 500倍液
	多菌灵	50%可湿性粉剂	灌根	600倍液
	恶霉·甲霜灵	30%水剂	灌根	1 500倍液
	异菌脲	50%可湿性粉剂	灌根	800倍液
	苯醚甲环唑	10%水分散粒剂	灌根	2 000倍液
	井冈霉素	5%水剂	灌根	500倍液

茄果类蔬菜立枯病	
发病症状	茎基部生有椭圆形暗褐色病斑，严重时病斑扩展绕茎一周，失水后病部逐渐凹陷，干腐缢缩，初期白天萎蔫夜间恢复，后期茎叶萎垂枯死。病苗枯死立而不倒，故称立枯病。
发病规律	① 病原菌以菌丝体或菌核在土壤中的病残体上越冬，可在土壤中腐生2～3年，土壤带菌是病害发生的主要原因。菌丝能直接侵入寄主，通过流水、农具、带菌堆肥传播。 ② 病菌喜高温、高湿环境，发病最适宜的条件为温度20～24℃。 ③ 多发病于苗期，播种过密、间苗不及时、易诱发该病。
防治要点	① 立枯病的调控技术：科学育苗，该病多为苗期病害，建议采用穴盘育苗基质育苗，避免土壤带菌感染幼苗同时苗期喷0.1%～0.2%磷酸二氢钾，可增强抗病能力。 ② 立枯病的预防技术：种子消毒，可用50%多菌灵500倍浸种，播种前对种子进行处理，可有效减少病原菌基数，防止其为害种子及幼苗。 ③ 立枯病的防治技术：药剂防治，30%恶霉·甲霜灵水剂500～800倍液等。

第二节 茄果类蔬菜猝倒病（根腐病）

图2-5 茄子幼苗猝倒一

图2-6 茄子幼苗猝倒二

腐霉菌（*Phthium* sp）的形态特征

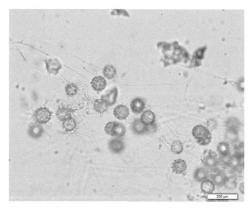

图2-7 藏卵器球形，上面密生
大量的指状突起

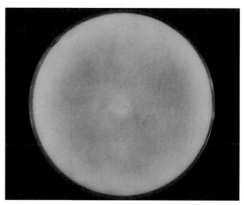

图2-8 燕麦培养基上菌落

> 藏卵器球形，上面密生大量的指状突起；菌
> 落白色，菌丝茂密。

茄果类蔬菜猝倒病	
病原菌	腐霉菌（Phthium sp）
主要发生部位	茎基部
主要发病原因	① 土壤及环境湿度过大； ② 土壤带菌
药剂防治靶标 （喷施部位）	苗床及发病茎基部

茄果类蔬菜猝倒病防治安全用药表				
防治对象	药剂名称	剂型	施药方法	稀释倍数
茄果类蔬菜猝倒病	霜霉威	72.2%水剂	灌根	750倍液
	霜脲氰	50%可湿性粉剂	灌根	2 000倍液
	恶霉·甲霜灵	30%水剂	灌根	1 500倍液
	多菌灵	50%可湿性粉剂	灌根	600倍液
	霜脲氰	50%可湿性粉剂	灌根	2 000倍液

茄果类蔬菜猝倒病	
发病症状	发病初期，茎基部呈浅黄绿色水渍状，很快转为黄褐色并发展至绕茎——同植株在正午表现明显的萎蔫症状，但是早晚能恢复；随着病情发展，茎上部出现水浸状条形病斑，幼苗茎基部变色坏死，逐渐失水收缩成线状，植株出现永久性萎蔫，拔出植株可见根部明显变黑褐色，幼苗即已贴地倒下，湿度大时患部及地际可见白色棉絮状霉，病害在田间传播速度快，容易造成大面积植株死亡。
发病规律	病菌随病残体在土壤中越冬，条件适宜时借雨水或灌溉水传播到幼苗上，从茎基部侵入，潜育期1～2天。 病菌喜34～36℃的高温，但在8～9℃低温条件下也可生长，因此，当苗床温度低，幼苗生长缓慢，又遇高湿时，感病期拉长，很易发生猝倒病，尤其苗期遇有连阴雨天气，光照不足，幼苗生长衰弱发病重。
防治要点	① 猝倒病的调控技术：科学育苗，建议采用穴盘育苗基质育苗，避免土壤带菌感染幼苗同时苗期喷0.1%～0.2%磷酸二氢钾，可增强抗病能力。 ② 猝倒病的预防技术：种子消毒，种子用53%精甲霜·锰锌水分散粒剂500倍液浸泡半小时，然后带药催芽或者直播。 ③ 猝倒病的防治技术：药剂防治，72.2%霜霉威水剂750倍液等。

第三节　茄果类蔬菜枯萎病

图2-9　辣椒植株萎蔫，叶片变黄

图2-10　茄子枯萎

图2-11　茎基部有白色至粉色霉层

图2-12　维管束变褐

尖孢镰刀菌（*Fusarium oxysporum*）的形态特征

 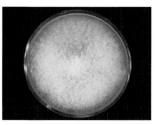 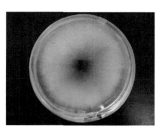

图2-13　分生孢子　　　　　图2-14　菌落正面　　　　　图2-15　菌落背面
（大、小孢子）

小型分生孢子数量多，卵圆形至长椭圆形；大型分生孢子镰刀形或梭形，向两端渐尖，足细胞明显或不明显。在PDA培养基上，菌落白色，毡状，辐射状向外生长，背面中央紫红色。

茄果类蔬菜枯萎病	
病原菌	尖孢镰刀菌（Fusarium oxysporum）
主要发生部位	茎基部
主要发病原因	① 连作，土壤病菌积累； ② 土壤及环境湿度过大； ③ 种子带菌
药剂防治靶标 （喷施部位）	根茎部

茄果类蔬菜枯萎病防治安全用药表				
防治对象	药剂名称	剂型	施药方法	稀释倍数
茄果类蔬菜猝倒病	寡糖·乙蒜素	25％微乳剂	灌根	2 000倍液
	福美双	50％可湿性粉剂	灌根	600倍液
	乙蒜素（苗期和高温时慎用）	80％乳油	灌根	5 000倍液
	恶霉灵	15％水剂	灌根	1 500倍液
	咪鲜胺锰盐	50％可湿性粉剂	灌根	3 000倍液
	枯草芽孢杆菌	10亿个孢子/克可湿性粉剂	灌根	300克/亩

茄果类蔬菜枯萎病	
发病症状	幼苗期和成株期的植株均能受害。幼苗植株发病后，植株萎蔫，生长停滞，拔出植株可见主根根部变细，侧根数量明显减少。成株期的植株发病，多在坐果后发病最多，初期叶片多自下向上部逐渐萎蔫，在叶缘及叶脉间变黄，后发展至半边叶片或整片叶变黄，早期病叶晴天高温时呈萎蔫状，早晚尚可恢复，后期病叶由黄变褐，在晴天的中午前后症状表现最为明显，早晚植株可恢复正常，病害进一步发展，引起植株永久性萎蔫，叶片逐渐黄化，劈开病根、茎分枝及叶柄等部位，可见其维管束变褐色，严重发生时植株枯萎死亡。
发病规律	① 病菌以菌丝、厚垣孢子、菌核随病株残余组织遗留在田间、未腐熟的有机肥中或附着在种子上越冬成为翌年初侵染源。 ② 病菌通过雨水、灌溉水和农田操作等传播进行再侵染。条件适宜时，厚垣孢子萌发的芽管从根部伤口、自然裂口或根冠侵入，也可从茎基部的裂口侵入。 ③ 病菌喜温暖、潮湿的环境，发病最适宜的条件为土温为24～28℃，土壤含水量20％～30％。感病生育期为开花坐果期。 ④ 多年连作、排水不良、雨后积水、酸性土壤、地下害虫为害重及栽培上偏施氮肥等的田块发病较重。
防治要点	① 枯萎病的调控技术：轮作，改良土壤，与非茄科作物实行3年以上轮作，增施有机肥结合配方肥施肥，适当增施钾肥，提高植株抗病力。施用石灰调节土壤酸碱度，造成不利病菌存活环境。 ② 枯萎病的预防技术：嫁接换根，利用托鲁巴母砧木进行嫁接育苗，诱导增强抗病性。 ③ 枯萎病的防治技术：药剂防治，氨基寡糖素+咪鲜胺混用。

第四节　茄果类蔬菜疫病

图2-16　辣椒疫病

图2-17　辣椒茎基部着生白色菌丝

图2-18　辣椒茎基部变褐

图2-19　辣椒果实染病

图2-20　剖开辣椒果实内有白色菌丝

图2-21　茄子染病

辣椒疫霉菌（*Phytophthora capsici*）的形态特征

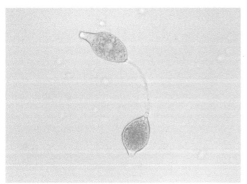

图2-22 PDA培养基上菌落

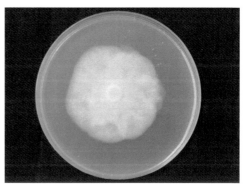

图2-23 孢子囊

孢子囊近球形至椭圆形，基部圆形，具明显乳突；在PDA培养基，菌落白色，辐射状向外生长，薄绒状，不产生色素，培养基背面不改变颜色。

茄果类蔬菜疫病	
病原菌	辣椒疫霉菌（Phytophthora capsici）
主要发生部位	茎基部、果实
主要发病原因	① 连作，土壤病菌积累； ② 土壤及环境湿度过大； ③ 种子带菌
药剂防治靶标（喷施部位）	茎基部

茄果类蔬菜疫病防治安全用药表				
防治对象	药剂名称	剂型	施药方法	稀释倍数
茄果类蔬菜疫病	精甲·百菌清	440克/升悬浮剂	植株喷淋结合灌根	750倍液
	烯酰吗啉	50%可湿性粉剂		1 000倍液
	霜脲·锰锌	72%可湿性粉剂		750倍液
	银法利	75%水分散粒剂		1 000倍液
	氰霜唑	10%悬浮剂		1 500倍液
	烯酰·磷酸铝	50%可湿性粉剂		750倍液
	精甲霜·锰锌	68%水分散粒剂		750倍液

茄果类蔬菜疫病	
发病症状	① 茎基部染病呈水浸状软腐，多呈暗绿色，发病部位有溢缩，湿度大时病部可见白霉。 ② 果实发病，多从蒂部或果缝处开始，初为暗绿色水渍状不规则形病斑，很快扩展至整个果实，呈灰绿色，果肉软腐，病果失水干缩挂在枝上呈暗褐色僵果。
发病规律	① 疫病的病原菌的卵孢子可存活3年以上，主要以卵孢子在土壤中和病残体上越冬，可度过不种植寄主作物的季节。 ② 在适宜的温度和湿度条件下，卵孢子开始萌发，产生游动孢子，侵入辣椒的根部、茎基部、叶部。感染的病株继续产生孢子囊和游动孢子，随灌溉的水和雨扩散传播，发生多次再侵染。病原菌还可通过风雨吹溅和农事操作而传染，引起叶、枝、果发病。 ③ 田间最初仅有少数植株发病，但也形成传染中心，很快向周围扩散，侵染邻近植株。如在适宜条件下，由开始发病到全田发病只需7天左右。
防治要点	① 疫病的调控技术：轮作，改良土壤与非茄科作物实行3年以上轮作，增施有机肥结合配方肥施肥，适当增施钾肥，提高植株抗病力。施用石灰调节土壤酸碱度，造成不利病菌存活环境。 ② 疫病的预防技术：种子消毒，采用50%烯酰吗啉可湿性粉剂2 000倍液或20%氟吗啉可湿性粉剂1 000倍液加0.136%赤·吲乙·芸薹可湿性粉剂5 000倍液浸种3小时，取出用冷水冲洗后催芽播种。 ③ 疫病的防治技术：药剂防治，精甲霜·锰锌或精甲·百菌清灌根。

第五节 茄子黄萎病

图2-24 茄子黄萎病（一侧发病）

图2-25 茄子黄萎病（叶片黄化褪绿）

图2-26 茎秆变褐

图2-27 茎基部变褐

大丽轮枝菌（*Verticillium dahliae*）的形态特征

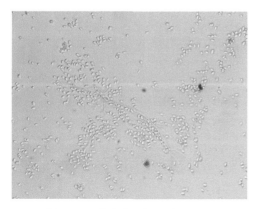

图2-28 分生孢子梗及分生孢子

分生孢子梗直立，无色，常有2～4层轮枝，每轮多为2～4根小分枝。分生孢子假头状着生于轮枝和顶枝的顶端，分生孢子卵圆形，无色，单胞。

茄子黄萎病	
病原菌	大丽轮枝菌（Verticillium dahliae）
主要发生部位	茎基部
主要发病原因	① 连作，土壤病菌积累；② 种子带菌
药剂防治靶标 （喷施部位）	根茎部

茄子黄萎病防治安全用药表				
防治对象	药剂名称	剂型	施药方法	稀释倍数
茄子黄萎病	寡糖·乙蒜素	25%微乳剂	灌根	1 500倍液
	甲基硫菌灵	70%可湿性粉剂	灌根	500倍液
	福美双	50%可湿性粉剂	灌根	600倍液
	乙蒜素 （苗期和高温时慎用）	80%乳油	灌根	5 000倍液
	春雷霉素	2%水剂	灌根	1 500倍液

茄子黄萎病	
发病症状	病菌从根部侵染，发病初期多由植株一侧或中、下部叶片开始出现症状，初期叶缘及叶脉间褪绿变黄，晴天中午呈萎蔫状，早晚尚能恢复，经一段时间后不再恢复，叶缘上卷变褐脱落，病株逐渐枯死，叶片大量脱落，严重时全株叶片变褐萎蔫下垂，以致发病后期植株仅剩茎秆剖开病株，可见维管束变褐。
发病规律	① 茄子黄萎病是一种土传性维管束病害，茄子在苗期即可染病，田间多在坐果后表现出症状。 ② 病菌在病残体上越冬或菌丝体潜伏在种子内部、分生孢子附在种子表面越冬，带病种子可以进行远距离传播，靠灌水、农事操作等传播。 ③ 施未腐熟农肥的地块易发病，缺肥地块发病重，偏施氮肥，植株生长幼嫩，抗病力低，也易发病。
防治要点	① 黄萎病的调控技术：轮作，嫁接诱抗对发生过黄萎病的地块，要与非茄科作物进行5年以上轮作，以减少土壤中的病原菌数量，有条件的进行水旱轮作。利用托鲁巴母砧木进行嫁接育苗，诱导增强抗病性。 ② 黄萎病的预防技术：种子消毒，播种前，用50℃左右温水进行温汤浸种15分钟，并不断搅拌，然后催芽播种。或用2.5%适乐时悬浮剂1毫升加2毫升水拌125克种子后直播。 ③ 黄萎病的防治技术：药剂防治，福美双或寡糖·乙蒜素灌根。

第六节　茄子褐纹病

图2-29　茄子褐纹病发病植株

图2-30　茄子褐纹病感染叶片

褐纹拟茎点霉（*Phomopsis vexans*）的形态特征

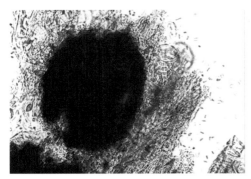

图2-31　褐纹拟茎点霉真菌座

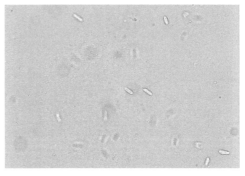

图2-32　褐纹拟茎点霉甲型分生孢子

茄子褐纹病	
病原菌	褐纹拟茎点霉（Phomopsis vexans）
主要发生部位	茎基部、叶片、果实
主要发病原因	① 连作，土壤病菌积累；② 种子带菌
药剂防治靶标（喷施部位）	茎基部、果实、叶片

茄子褐纹病防治安全用药表				
防治对象	药剂名称	剂型	施药方法	稀释倍数
茄子褐纹病	百菌清	75%可湿性粉剂	喷灌	800倍液
	甲基硫菌灵	70%可湿性粉剂	喷灌	500倍液
	福美双	50%可湿性粉剂	喷灌	600倍液
	甲霜灵·锰锌	58%可湿性粉剂	喷灌	500倍液
	异菌脲	50%可湿性粉剂	喷灌	600倍液

茄子褐纹病	
发病症状	① 茎秆最易受侵染，发病处常出现梭形或不规则形，边缘深紫褐色，中间灰白色凹陷，会出现同心轮纹，病斑上密生小黑点，剖开后内部组织变褐。后期茎部呈干腐或纵裂，皮层脱落露出木质部，遇风易折断，病斑多时，可连结成大的坏死区域，发病严重时，造成枝枯、茎枯或整株枯死。 ② 叶片感病，初期病斑针状黑点，并逐渐变为圆形、深褐色至黑色，随后病斑逐渐扩大呈近圆形至圆形，有同心轮纹，湿度大时着生褐色霉层，新叶染病病斑多为不规则形，严重时导致新叶干枯。 ③ 果实发病，病斑圆形或近圆形，黑褐色，稍凹陷，也具同心轮纹其上长有黑色霉层。
发病规律	① 病菌主要以菌丝体或分生孢子器在土表的病残体上越冬，同时菌丝体也可以潜伏在种皮内部或以分生孢子黏附在种子表面越冬。 ② 分生孢子在田间主要通过风雨、昆虫以及人工操作传播。病菌可在12小时内入侵寄主，其潜育期在幼苗期为3～5天，成株期为7～10天，在人工培养条件下，其潜育期为3～13天不等。诱发病害的最适气候条件是高温（28～30℃）和高湿（相对湿度为80%以上）。
防治要点	① 褐纹病的调控技术：嫁接诱抗，利用托鲁巴母砧木进行嫁接育苗，诱导增强抗病性。 ② 褐纹病的预防技术：种子消毒，播种前，用55℃温水浸种15分钟或50℃温水浸种30分钟，取出后立即冷却、催芽、播种或用75%百菌清可湿性粉剂800倍液浸种，2小时后捞出，用清水反复冲洗干净后晾干播种。 ③ 褐纹病的防治技术：药剂防治，58%甲霜灵·锰锌可湿性粉剂500倍灌根。

第三章　根结线虫病

茄果类蔬菜根结线虫病

图3-1　番茄根系被根结线虫感染

图3-2　茄子根系被根结线虫感染

南方根结线虫（*Myloidogyne incognita*）的形态特征

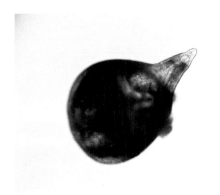

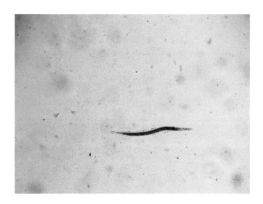

图3-3　根结线虫雌虫　　　　　　　　　图3-4　根结线虫雄虫

茄果类蔬菜根结线虫病	
病原菌	南方根结线虫（Myloidogyne incognita）
主要发生部位	根系
主要发病原因	① 土壤带虫；② 种苗带虫
药剂防治靶标（喷施部位）	土壤消毒处理效果最佳兼灌根防治

茄果类蔬菜根结线虫病防治安全用药表				
防治对象	药剂名称	剂型	施药方法	稀释倍数
茄果类根结线虫病	噻唑膦	10%颗粒剂	沟施或穴施或拌土撒施	1.5～2千克/亩
	淡紫拟青霉	5亿个活孢子/克颗粒剂	沟施或穴施	2.5～3千克/亩
	阿维菌素	0.5%颗粒剂	拌土撒施	3～4千克/亩
	阿维菌素	1.8%乳油	灌根	2 000倍液
	氰氨化钙	50%颗粒剂	土壤消毒	80千克/亩
	威百亩	35%水剂	土壤消毒	20千克/亩

茄果类蔬菜根结线虫	
发病症状	① 主要发生在根部的须根或侧根上。须根或侧根染病后产生瘤状大小不等的根结。形如鸡爪状，瘤状物有时串生，使根肿大粗糙。初期的根瘤为白色，光滑质软，后转呈黄褐色至黑褐色，表面粗糙甚至龟裂，严重时腐烂。 ② 地上部表现症状因发病的轻重程度不同而异，轻病株症状不明显，重病株生长不良，叶片中午萎蔫或逐渐枯黄，植株矮小，生长不良，结实少，发病严重时，植株枯死。
发病规律	病原是由南方根结线虫侵染所致。根结线虫以2龄幼虫或卵随病残体在土中越冬，线虫在病根根部生存繁殖并靠病土、病苗及灌溉水传播。条件适宜时，2龄幼虫接触作物根部后大多从根尖部侵入，定居在根块生长锥内。最后，线虫在病体内取食、生长发育，并能分泌出刺激物质，使植株根部细胞剧烈增生形成根结。 ① 适宜条件（土温25~30℃，土壤持水量40%），根结线虫大量活动，造成根结迅速增生，植株生长受到抑制，地上部枯萎。 ② 病苗是根结线虫病传播的重要途径。所以，防治上提倡严把育苗关，培育无病苗，避免定植病苗。
防治要点	① 根结线虫病的调控技术：轮作、嫁接诱抗，与非寄主作物轮作2~3年，降低土中根结线虫量，减轻对下茬的为害。同葱、韭菜、蒜等抗病性作物轮作，可降低土壤中线虫基数。利用托鲁巴母砧木进行嫁接育苗，诱导增强抗病性。 ② 根结线虫病的预防技术：严把育苗关，由于带病土壤、粪肥、农事操作是线虫的重要传播途径，所以，换茬后从源头上抓起，严把播种育苗关。 ③ 根结线虫病的防治技术：药剂防治，移栽前对用10%噻唑膦颗粒每亩2千克拌细干土全田均匀撒施，再旋耕20厘米，然后移栽。

第四章 细菌病害

第一节 茄果类蔬菜青枯病

图4-1 青枯病发病植株

图4-2 茎秆有须根和菌浓

图4-3 维管束变褐

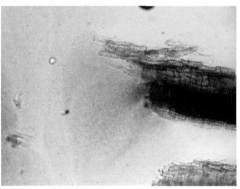

图4-4 青枯病横切病茎有菌液溢出

茄果类蔬菜青枯病	
病原菌	茄科劳尔氏菌（Ralstonia solanacearum）
主要发生部位	茎基部
主要发病原因	① 土壤带菌； ② 种苗带菌； ③ 病残体带菌
药剂防治靶标 （喷施部位）	土壤消毒处理效果最佳兼灌根防治

茄果类蔬菜青枯病	
发病症状	① 发病初期，根部形成褐色的水浸状病斑，向下凹陷，剖开后维管束变褐，髓部逐渐腐烂，随着病情扩展，病茎上也可见水浸状条形斑，褐色，上下延伸，湿度大时，髓部变成褐色，内充满白色的菌脓，横切病茎，用手挤压或保湿，切面上维管束溢出白色菌液。由于水分和营养吸收受限制病茎下端往往会增生不定根或刺状突起。 ② 先是顶端叶片萎蔫下垂，后下部叶片凋萎，中部叶片最后凋萎，也有一侧叶片先萎蔫或整株叶片同时萎蔫的，病株白天萎蔫，傍晚复原，病叶变浅。
发病规律	① 青枯病菌主要是在土壤中或随病残体在土壤中越冬，可在土壤中存活14个月，甚至长达 6 年。 ② 通过植株根部和茎部的伤口侵入，并随雨水、灌溉水、农具和农事操作进行传播，某些昆虫也可以传播该病。 ③ 病菌喜高温、高湿、偏酸性的环境，发育温度范围在10～40℃，发病最适温度为30～37℃。
防治要点	① 青枯病的调控技术：轮作、嫁接诱抗，避免与茄科和瓜类作物轮作，可与十字花科或禾本科作物实行3～4年以上的轮作。利用托鲁巴母砧木进行嫁接育苗，诱导增强抗病性。 ② 青枯病的预防技术：土壤处理，采用土壤处理技术为茄果类蔬菜的生长提供无菌的环境是防治青枯病的重要手段。每亩撒施生石灰75～100千克，然后对土壤深翻，既可以杀死土壤中的病原菌，又可以调节土壤的酸碱度，对病害的控制会起到很好的作用。 ③ 青枯病的防治技术：药剂防治，72%农用链霉素或中生菌素+钙剂等药剂进行灌根预防青枯病。

第二节　茄果类蔬菜软腐病

图4-5　茎秆水渍状发褐

图4-6　茎秆表皮腐烂

图4-7　侵染茎秆分支处

图4-8　侵染茎秆分支处

茄果类蔬菜软腐病	
病原菌	胡萝卜软腐果胶杆菌胡萝卜亚种 （Pectobacterium carotovorum subsp. carotovorum）
主要发生部位	茎秆及分支
主要发病原因	① 种子带菌；② 病残体带菌
药剂防治靶标 （喷施部位）	① 茎秆及分支；② 发病初期进行防治

茄果类蔬菜软腐病	
发病症状	茎部发病，近地面茎部先出现水渍状污绿色斑块，后扩大为圆形或不规则形褐斑，病斑周围显浅色窄晕环。该病导致髓部腐烂，终致茎枝干缩中空，病茎枝上端的叶片变色、萎垂，但是茎秆颜色不变。
发病规律	① 软腐病菌主要是在土壤中或随病残体在土壤中越冬，条件适宜时可进行再侵染。 ② 通过植株根部和茎部的伤口侵入，并随雨水、灌溉水、农具和农事操作进行传播。 ③ 病菌喜高温、高湿、偏酸性的环境，发育温度范围在10~40℃，发病最适温度为30~37℃。
防治要点	① 软腐病的调控技术：轮作、嫁接诱抗，避免与茄科和瓜类作物轮作，可与十字花科或禾本科作物实行3~4年以上的轮作。利用托鲁巴母砧木进行嫁接育苗，诱导增强抗病性。 ② 软腐病的预防技术：土壤处理，采用土壤处理技术为茄果类蔬菜的生长提供无菌的环境是防治青枯病的重要手段。每亩撒施生石灰75~100千克，然后对土壤深翻，既可以杀死土壤中的病原菌，又可以调节土壤的酸碱度，对病害的控制会起到很好的作用。 ③ 软腐病的防治技术：药剂防治，47%春雷·王铜可湿性粉剂800倍液进行叶面喷施。

第三节　辣椒细菌性叶斑病

图4-9　褐色圆形病斑

图4-10　叶背面水渍状

图4-11　发病部位变薄

图4-12　叶缘侵染，水渍状病斑

辣椒细菌性叶斑病	
病原菌	菊苣假单孢（Pseudomonas cichorii）
主要发生部位	叶片
主要发病原因	① 种子带菌；② 病残体带菌
药剂防治靶标 （喷施部位）	① 叶片；② 发病初期进行防治

辣椒细菌性叶斑病	
发病症状	辣椒在田间感病后的症状复杂多样: ① 先从叶片出现黄绿色近圆形水渍状小斑点扩大后变为大小不等的褐色至锈红色病斑,干燥时病斑多呈褐色。 ② 当病原菌从叶片边缘开始侵染,初期呈水浸状,后逐渐变褐,边缘颜色较黑,病斑不规则;当病原菌从叶面侵染时病斑不规则,褐色,后期发病部位变薄,严重时植株叶片全部发病。
发病规律	病菌一般在病残体或种子上越冬,通过辣椒叶片伤口侵入,在田间借助雨水、灌溉水或农具进行传播及再侵染。 气温23～30℃,空气相对湿度在90%以上高温多雨季节发病重。 地势低洼,管理不善,肥料缺乏,植株衰弱或偏施氮肥等地块发病严重。遇高温和叶面长时间有水膜时发病重。
防治要点	① 细菌性叶斑病的调控技术:轮作、清除病残体与非茄科蔬菜轮作2～3年。前茬蔬菜收获后及时彻底清除病残体,结合深耕晒土,促使病菌残体分解,加速病菌死亡。 ② 细菌性叶斑病的预防技术:种子消毒播前用种子质量0.3%的50%琥胶肥酸铜可湿性粉剂拌种,可有效杀灭辣椒细菌性叶斑病病菌。 ③ 细菌性叶斑病的防治技术:药剂防治50%琥胶肥酸铜可湿性粉剂或72%农用链霉素可湿性粉剂交替使用。

茄果类蔬菜细菌性病害防治安全用药表				
防治对象	药剂名称	剂型	施药方法	稀释倍数
茄果类细菌性病害	氢氧化铜	46%水分散粒剂	喷雾/灌根	1 500倍液
	中生菌素	3%可湿性粉剂	喷雾/灌根	800倍液
	琥胶肥酸铜	30%可湿性粉剂	喷雾/灌根	800倍液
	春雷霉素	2%水剂	喷雾	800倍液
	噻唑锌	20%悬浮剂	喷雾	800倍液
	噻菌铜	20%悬浮剂	喷雾	700倍液
	荧光假单胞杆菌	5亿个芽孢/克	喷雾/灌根	800倍液
	农用链霉素	72%可湿性粉剂	喷雾/灌根	3 000倍液
	四霉素	0.3%水剂	叶面喷雾	600倍液

第五章 病毒病害

茄果类蔬菜病毒病

图5-1 辣椒病毒（花叶型）

图5-2 辣椒病毒（花叶型）

图5-3 辣椒病毒果（花叶型）

图5-4 辣椒病毒果（坏死型）

图5-5 番茄病毒（畸形型）　　　　　　　　图5-6 番茄病毒（黄化型）

茄果类蔬菜病毒病	
病原菌	番茄黄化曲叶病毒（TYLCV） 烟草花叶病毒（TMV） 黄瓜花叶病毒（CMV）
主要发生部位	叶片、果实
主要发病原因	① 种子带菌；② 昆虫传播
药剂防治靶标 （喷施部位）	① 植株幼嫩部位；② 注意防治传播媒介（昆虫）

茄果类蔬菜病毒病防治安全用药表				
防治对象	药剂名称	剂型	施药方法	稀释倍数
茄果类病毒病	阿泰灵 （寡糖·链蛋白）	6%可湿性粉剂	喷雾	1 000倍液
	菇类蛋白多糖	0.5%水剂	喷雾	500倍液
	宁南霉素	10%可溶性粉剂	喷雾	750倍液
	盐酸吗啉胍	20%可湿性粉剂	喷雾	500倍液
	辛菌胺醋酸盐	1.2%水剂	喷雾	500倍液
	三氮唑核苷	3%水剂	喷雾	1 000倍液

	茄果类蔬菜病毒病
发病症状	① 花叶型：典型症状是病叶、病果出现不规则退绿、浓绿与淡绿相间的斑驳，植株生长无明显异常，但严重时病部除斑驳外，病叶和病果畸形皱缩，叶明脉，植株生长缓慢或矮化，结小果，果实难以转红或只局部转红。 ② 黄化型：病叶变黄，严重时植株上部叶片全部变黄色，形成上黄下绿，植株矮化并伴有明显的落叶。 ③ 坏死型：包括顶枯、斑驳坏死和条纹状坏死。 ④ 畸形型：表现为病叶增厚、变小或呈蕨叶状，叶面皱缩；植株节间缩短，矮化，枝叶呈丛簇状；病果呈现深绿与浅绿相间的花斑，或黄绿相间的花斑，畸形，果面凸凹不平，病果易脱落。
发病规律	① 病毒可在多种植物上越冬，其种子也可带毒成为初侵染源。 ② 主要通过汁液接触传染，只要寄主有伤口，即可浸入。附着在种子上的果屑也能带毒。此外，土壤中的病残体、田间越冬寄主残体、田间杂草等均可成为该病的初侵染源。 ③ 可通过蚜虫、蓟马等昆虫吸食汁液进行传染。
防治要点	① 病毒病的调控技术：设置屏障，减少病毒源，控制昆虫传播媒介，田间覆盖一层白色或银色防虫网，控制蚜虫，蓟马，烟粉虱。 ② 病毒病的预防技术：种子消毒，采用70℃干热处理3天的方法使病毒失活，效果较好；如果将干热处理法与磷酸三钠种子消毒法相结合，则可以取得更好的效果。 ③ 病毒病的防治技术：药剂防治，6%寡糖·链蛋白可湿性粉剂1 000倍量同时喷施杀虫剂防止昆虫传播。

第六章　虫害

第一节　茄果类蔬菜蓟马为害

图6-1　蓟马为害辣椒花和叶片（皱缩）

茄果类蔬菜蓟马	
害虫	棕榈蓟马、花蓟马
主要发生部位	花、果、叶片
主要发生原因	环境温暖、干旱，温度23～28℃，湿度40%～70%
药剂防治靶标（喷施部位）	花、叶片、果实

茄果类蔬菜蓟马防治安全用药表				
防治对象	药剂名称	剂型	施药方法	稀释倍数
茄果类蓟马	艾绿士（乙基多杀菌素）	60克/升悬浮剂	喷雾	1 500倍液
	啶虫脒	5%乳油	喷雾	800倍液
	联苯菊酯	25克/升乳油	喷雾	750倍液
	吡虫啉	45%微乳剂	喷雾	1 500倍液
	噻虫嗪	25%水分散粒剂	喷雾	1 500倍液

茄果类蔬菜蓟马为害	
为害症状	① 被害的嫩叶、嫩梢变硬卷曲枯萎，植株生长缓慢，节间缩短。 ② 果实受害表皮油胞破裂，逐渐失水干缩，疤痕随果实膨大而扩展，呈现不同形状的木栓化银白色或灰白色的斑痕。
发生规律	① 蓟马一年四季均有发生。每年11—12月，3—5月高峰期。雌成虫主要进行孤雌生殖，偶有两性生殖，极难见到雄虫。1年发生17～18代，卵散产于叶肉组织内，每雌产卵22～35粒。雌成虫寿命8～10天。卵期在5—6月为6～7天。若虫在叶背取食到高龄末期停止取食，落入表土化蛹。 ② 蓟马喜欢温暖、干旱的天气，其适温为23～28℃，适宜空气湿度为40%～70%；湿度过大不能存活，当湿度达到100%，温度达31℃时，若虫全部死亡。
防治要点	① 蓟马的调控技术：设置屏障，减少虫源，利用蓟马趋蓝色的习性，在田间设置蓝色粘板，每亩20～30张，诱杀成虫；用40目或60目防虫网防蓟马；覆膜栽培避免若虫入土化蛹。 ② 蓟马的预防技术：种子消毒，移栽时使用25%噻虫嗪水分散粒剂3 000～5 000倍灌根。 ③ 蓟马的防治技术：药剂防治蓟马喜欢温暖，干旱的环境，并且不喜欢强光；所以防治蓟马合适的用药时间在早晨和下午光照不强的时候最为合适。高抗性蓟马：艾绿士＋虫螨腈＋唑虫酰胺。

第二节 茄果类蔬菜螨虫为害

图6-2 红蜘蛛为害茄子叶片

图6-3 红蜘蛛为害茄子叶片，吐丝结网

茄果类蔬菜螨虫	
害虫	茶黄螨；朱砂叶螨（红蜘蛛）；二斑叶螨（白蜘蛛）
主要发生部位	叶片、果
主要发病原因	环境温暖、干旱
药剂防治靶标 （喷施部位）	植株上部幼嫩部位

		茄果类蔬菜螨虫防治安全用药表		
防治对象	药剂名称	剂型	施药方法	稀释倍数
茄果类螨类	阿维菌素	1.8%乳油	喷雾	1 500倍液
	阿维·螺螨酯	24%悬浮剂	喷雾	2 000倍液
	乙螨唑	11%悬浮剂	喷雾	1 500倍液
	甲氰菊酯	20%乳油	喷雾	1 000倍液
	炔螨特	40%乳油	喷雾	1 500倍液
	哒螨灵	15%乳油	喷雾	1 000倍液
	联苯肼酯	43%悬浮剂	喷雾	1 500倍液

	茄果类蔬菜螨虫为害
危害症状	以成螨和若螨吐丝结网，在网下刺吸植株汁液。当一片叶背面有1～2头叶螨为害时，叶正面出现黄、白斑点；4～5头为害时，出现红色斑点，直至全叶焦枯脱落，植株早衰，严重影响产量和质量。
发生规律	① 以成虫、若虫、卵在寄主的叶片下，土壤中或附近杂草上越冬。 ② 温湿度对螨虫数量影响较大，尤以温度影响最大，当温度在28℃左右，湿度35%～55%，最有利于红蜘蛛发生。 ③ 红蜘蛛有孤雌生殖习性，未受精的卵孵化为雄虫。卵孵化时，卵壳开裂，幼虫爬出，先静在叶片上，经蜕皮后进入第1龄虫期。幼虫及前期若虫活动少，后期若虫活跃而贪食，有趋嫩的习性，虫体一般从植株下部向上爬，边为害边上迁。
防治要点	① 螨虫的调控技术：清除田间杂草，减少虫源，集中铲除田边、地头杂草，减少叶螨繁殖场所；天气干旱时，合理灌溉增加湿度；保护利用天敌。 ② 螨虫的预防技术：及早预防，发现螨虫点片发生要立即防治，大水量，低浓度，冲破螨网，叶背面要喷施全面。 ③ 螨虫的防治技术：药剂防治，炔螨特（10～15毫升）+甲氰菊酯（15～20毫升）或（阿维菌素20毫升）。

第三节　茄果类蔬菜斑潜蝇为害

图6-4　番茄受斑潜蝇为害

图6-5　茄子受斑潜蝇为害

茄果类蔬菜斑潜蝇	
害虫	美洲斑潜蝇（Liriomyza sativae）
主要发生部位	叶片
主要发生原因	植株种植过密、适宜温度25~30℃
药剂防治靶标 （喷施部位）	叶片

茄果类蔬菜斑潜蝇防治安全用药表				
防治对象	药剂名称	剂型	施药方法	稀释倍数
茄果类斑潜蝇	灭蝇胺	80%水分散粒剂	喷雾	1 000倍液
	啶虫脒	5%乳油	喷雾	800倍液
	阿维菌素	1.8%乳油	喷雾	1 500倍液
	螺虫乙酯	24%悬浮剂	喷雾	1 500倍液
	溴氰虫酰胺	10%可分散油悬浮	喷雾	1 500倍液

茄果类蔬菜斑潜蝇为害	
为害症状	幼虫钻食叶肉为害，在叶片上形成由细变宽的蛇形弯曲隧道，俗称"鬼画符"，开始为白色，后变成铁锈色，有的在白色隧道内还带有湿黑色细线粪便。 幼虫多时，叶片在短时间内就被钻花干死。成虫以产卵器刺伤寄主叶片，形成小白点，并取食汁液和产卵。
发生规律	① 1年可发生14～17代。世代周期随温度变化而变化：15℃时，约54天；20℃时约16天；30℃时约12天。 ② 成虫具有趋光、趋绿和趋化性，对黄色趋性更强。有一定飞翔能力。成虫吸取植株叶片汁液；卵产于植物叶片叶肉中；初孵幼虫潜食叶肉，主要取食栅栏组织，并形成隧道，隧道端部略膨大；老龄幼虫咬破隧道的上表皮爬出道外化蛹。
防治要点	① 美洲斑潜蝇的调控技术：设置屏障，减少虫源，彻底清除菜田内外残株败叶和杂草，并集中烧毁，减少虫源；种植前深翻菜地，活埋地面上的蛹；黄板诱杀。 ② 美洲斑潜蝇的预防技术：种子消毒，移栽时使用25%噻虫嗪水分散粒剂2 000倍液灌根。 ③ 美洲斑潜蝇的防治技术：药剂防治，80%灭蝇胺水分散粒剂1 000倍液，或10%溴氰虫酰胺可分散油悬浮剂1 500倍液。

第四节 茄果类蔬菜烟粉虱为害

图6-6 烟粉虱为害辣椒

图6-7 烟粉虱诱发煤污

图6-8 烟粉虱为害番茄

图6-9 烟粉虱诱发煤污

茄果类蔬菜烟粉虱	
害虫	烟粉虱（Bemisia tabaci）
主要发生部位	叶片、果实
主要发病原因	种植过密，适宜温度为26～28℃
药剂防治靶标（喷施部位）	叶片

茄果类蔬菜烟粉虱防治安全用药表				
防治对象	药剂名称	剂型	施药方法	稀释倍数
茄果类烟粉虱	可立施	50%水分散粒剂	喷雾	3 000倍液
	特福力	25%悬浮剂	喷雾	2 000倍液
	阿维菌素	1.8%乳油	喷雾	1 500倍液
	螺虫乙酯	24%悬浮剂	喷雾	1 500倍液
	溴氰虫酰胺	10%可分散油悬浮	喷雾	1 500倍液
	啶虫脒	5%乳油	喷雾	1 500倍液
	烯啶虫胺	10水剂	喷雾	1 000倍液

茄果类蔬菜烟粉虱为害	
为害症状	成、若虫刺吸植物汁液，造成受害叶褪绿萎蔫或枯死，使植物生理紊乱，植株瘦小；并分泌大量蜜露，诱发煤污病，造成减产并降低蔬菜商品价值；携带病毒源传播病毒病。
发生规律	① 烟粉虱的生活周期有卵、若虫和成虫3个虫态，一年发生的世代数因地而异，在亚热带地区每年发生11~15代，成虫寿命18~30天。 ② 最佳发育温度为26~28℃。烟粉虱成虫羽化后嗜好在中上部成熟叶片上产卵，而在原为害叶上产卵很少。卵不规则散产，多产在背面。每头雌虫可产卵30~300粒，在适合的植物上平均产卵200粒以上。
防治要点	① 烟粉虱的调控技术：设置屏障，减少虫源，设置黄板诱杀成虫，悬挂黄板与种植行呈45°角，每亩放置25~30张。 ② 蓟马的预防技术：间套作趋避作用，可与芹菜、韭菜、蒜等间作套种，控制粉虱传播蔓延。 ③ 蓟马的防治技术：药剂防治，螺虫乙酯+烯啶虫胺或联苯菊酯+有机硅助剂；移栽前用25%噻虫嗪2 000倍灌根。

第五节　茄果类蔬菜烟青虫为害

图6-10　辣椒植株上烟青虫

茄果类蔬菜烟青虫	
害虫	烟青虫（Helicoverpa assulta）
主要发生部位	果实、叶片
主要发生原因	以蛹在菜地的表土中越冬
药剂防治靶标（喷施部位）	果实、叶片

茄果类蔬菜烟青虫防治安全用药表				
防治对象	药剂名称	剂型	施药方法	稀释倍数
茄果类烟青虫	高效氯氟氰菊酯	2.5%乳油	喷雾	1 500倍液
	溴氰菊酯	2.5%乳油	喷雾	1 500倍液
	甲氧虫酰肼	24%悬浮剂	喷雾	1 500倍液
	甲氨基阿维菌素苯甲酸盐	2%乳油	喷雾	1 500倍液
	苏云金杆菌	16 000国际单位/毫升可湿性粉剂	喷雾	800倍液
	棉铃虫多核型角体病毒	10亿PIB/克可湿性粉剂	喷雾	1 500倍液

茄果类蔬菜烟青虫为害	
为害症状	以幼虫蛀食花、果为害，为蛀果类害虫。为害辣（甜）椒时，整个幼虫钻入果内，啃食果皮、胎座，并在果内缀丝，排留大量粪便，使果实不能食用。
发生规律	① 幼虫期一般12～50天。老熟幼虫不食不动，经过1～2天后入土作土茧化蛹，入土深度一般为3～5厘米，越冬蛹稍深。越冬场所多为留种烟地、辣椒等蔬菜地 ② 烟青虫成虫羽化后半小时左右开始飞翔，1～3天内交配产卵，交配时间多在夜晚8—11时。成虫白天多隐蔽在作物叶背或杂草丛中，夜晚或阴天活动。成虫产卵期4～6天，多在晚9点至次晨10时前，以晚11时最盛。前期产卵在寄主作物上部叶片正反面的叶脉处，后期多产在果、萼片或花瓣上，一般每处产1粒卵，偶有3～4粒在一起。每头雌虫可产卵千粒以上。
防治要点	① 烟青虫的调控技术：设置屏障，减少虫源糖醋液或性诱剂诱杀成虫，减少田间落卵量。糖醋液配比：糖∶醋∶酒∶水=3∶4∶1∶2；性诱剂诱杀。每50亩地设黑光灯一盏，诱杀成虫。 ② 烟青虫的防治技术：药剂防治，棉铃虫多角形病毒或溴氰菊酯。

第六节 茄果类蔬菜蚜虫为害

图6-11 蚜虫在叶片背面

图6-12 蚜虫在花里面

图6-13 蚜虫在叶片正面,并在叶片上分泌小水珠

茄果类蔬菜蚜虫	
害虫	蚜虫(Aphidoidea)
主要发生部位	叶片
主要发生原因	干旱、植株种植过密、适宜温度16~22℃
药剂防治靶标 (喷施部位)	叶片、花

茄果类蔬菜蚜虫防治安全用药表				
防治对象	药剂名称	剂型	施药方法	稀释倍数
蚜虫	吡虫啉	70%水分散粒剂	喷雾	2 000倍液
	噻虫嗪	25%水分散粒剂	喷雾	1 500倍液
	溴氰菊酯	25%乳油	喷雾	1 500倍液
	抗蚜威	50%可湿性粉剂	喷雾	1 000倍液
	吡蚜酮	50%水分散粒剂	喷雾	1 000倍液

茄果类蔬菜蚜虫为害	
为害症状	成虫和若虫在叶片背面和幼嫩组织上刺吸植物汁液，造成叶片卷曲变形，植株生长不良，严重时枯死；老叶受害提前老化枯落，造成减产；其排泄的蜜露可诱发霉污病的发生，影响叶片光合作用；此外，蚜虫还传播多种病毒病。
发生规律	① 蚜虫的繁殖力很强，一年能繁殖10~30个世代，世代重叠现象突出。雌性蚜虫一生下来就能够生育。 ② 当连续5天的平均气温达到12℃以上时，便开始繁殖。一般完成1个世代需10天，在夏季温暖条件下，只需4~5天。 ③ 气温为16~22℃时最适宜蚜虫繁育，干旱或植株密度过大有利于蚜虫为害。
防治要点	① 蚜虫的调控技术：设置屏障，减少虫源，蔬菜收获后，及时清理残株败叶；铺设银灰色地膜避蚜；利用黄板诱杀。 ② 蚜虫的预防技术：趋避作用，蚜虫不喜欢闻到韭菜发出的气味，所以可以蔬菜和韭菜间隔种植，利用韭菜的气味，防止蚜虫害的发生。 ③ 蚜虫的防治技术：药剂防治，50%抗蚜威可湿性粉剂1 000倍液。

专题一：番茄两大土传病害识别

番茄死棵主要是由青枯病和枯萎病这两种土传病害引起。这两种病害的病原菌有着本质的区别，如果诊断不准，防治效果会大相径庭。在此将这两种病害的诊断方法总结如下，以供参考。

青枯病：首先属于细菌性病害，是一种会导致全株萎蔫的细菌性病害，当番茄株高30厘米左右，青枯病株开始显症；先是顶端叶片萎蔫下垂，后下部叶片凋萎，中部叶片最后凋萎，也有一侧叶片先萎蔫或整株叶片同时萎蔫的，发病初期，病株白天萎蔫，傍晚复原，病叶变浅。叶片出现不同程度的青干，同时在植株底部会有不定根产生，植株茎秆内部出现中空，出现萎蔫症状的番茄，若剖开它的茎基部，可以清晰地看到维管束颜色已经变成褐色。正是由于这些维管束遭到了破坏，使养分和水分无法正常向上输送，才会使番茄出现了萎蔫症状。

图1　番茄青枯病一

图2　番茄青枯病二

发病后，土壤干燥，气温偏高，2～3天全株即凋萎。如气温较低，连阴雨或土壤含水量较高时，病株可持续1周后枯死，但叶片仍保持绿色或稍淡，故称青枯病。患病植株的维管束坏了，水分吸收受阻，植株为了活命，所以就长了不少气根。

番茄青枯病病菌随病残体在土壤中越冬，借雨水和灌溉水传播。发病最适宜温度为25～37℃，低于10℃，高于41℃停止发展。土壤含水量大于25%时，有利于病菌侵入，高温、高湿时为害严重；此外，连作、低洼地、排水不良、土壤缺钙、缺磷，均有利于该病害流行。

枯萎病：多在定植后开始表现。发病初期，一般距地面较近的叶片发黄，最后变褐枯死，枯叶多残留在茎上不脱落；有的茎一侧叶片发黄，另一侧叶片色泽正常；也有个别枝上的叶片半边发黄，另半边正常。发病严重时，病叶由下向上扩展，最后仅残留顶端数片叶外，其余均枯死。发病轻的，只有距地面较近的叶片黄叶外，其余均正常。

病株根部呈褐色腐烂或局部坏死，剖开茎基部可看到维管束呈黄褐色。该病不同于青枯病的主要症状是植株得该病后叶片枯黄，潮湿时常在茎基部生粉红色霉状物。

1. 区别要点

（1）枯萎病茎部自下而上缢缩凹陷变褐但不腐烂，叶片全黄枯死，从近地面叶序向上蔓延；青枯病则是表皮粗糙且增生不定根或不定芽；先是顶部叶片萎蔫下垂，然后下部，最后中部叶片，死时植株仍保持绿色。

（2）枯萎、青枯病茎剖开，维管束变褐色，横切病茎，用手挤压或保湿，维管束会溢出白色菌液的是青枯病。

图3　枯萎病

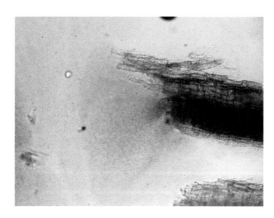

图4　青枯病横切病茎有菌液溢出

2. 防治要点

（1）加强苗期管理，减少幼苗带菌；实行轮作，施用腐熟有机肥，增施钾肥，提高抗病能力；发拔除病株，用药剂处理后再浇水。

（2）已经发病死亡的番茄植株，不能弃置在地里，应拿到外面深埋，同时对土壤进行消毒。青枯病、枯萎病可以通过流水传播，大水漫灌可使病原菌迅速传播蔓延，因此，有死棵症状发生的地块要严禁大水漫灌。而且要注意"先用药灌根再浇水"。

（3）化学防治措施。防治以上2种病害效果较好的办法是药剂灌根，但是要注重以防为主。在选择药剂时最好选择内吸性强的药剂，例如，氯溴异氰尿酸、松脂酸铜等药剂。对没发病的番茄可使用农用链霉素、中生菌素、可杀得等药剂进行保护性喷雾预防青枯病。

枯萎病：发病后立即拔除，用3%甲霜·恶霉灵水剂600倍+70%甲基硫菌灵WP800倍灌根，对拔除病株的地方更应加大灌药量，防止病菌随水蔓延为害。咪鲜胺或福美双+恶霉灵灌根，效果更好。

青枯病：移栽前用扬彩10毫升+加收米/15千克水浸根。拔除病株后用47%春雷·王铜可湿性粉剂800倍或可杀得叁仟800倍灌根，平时使用农用链霉素或中生菌素+钙剂等药剂进行灌根预防青枯病。在番茄第1层果实坐果后、未转色前及时喷施防治细菌性病害的药剂做好预防工作，如3%中生菌素WP800倍液，或72%农用硫酸链霉素4 000倍液全株喷淋，每隔5～7天均匀喷施1次，连续喷施3～5次。

利用间套作缓解青枯病发生

图5　番茄与白菜套种

图6　茄子与白菜套种

专题二：辣椒烂秆的三种症状鉴别

辣椒烂秆有多种病害引起，主要由细菌性软腐病、疫病和灰霉病引起。

细菌性软腐病：多从伤口、叶痕侵入，引起枝条表皮腐烂，色灰白，呈浓状，易被弄破露出木质部，而木质部颜色不变，依然为白色。病斑多，发展扩大，或绕茎秆一周，发出轻微的腥臭味。也能使果实染病，呈软腐状。

图1　辣椒细菌性软腐

图2　辣椒细菌性软腐

灰霉病：也属真菌，多由残花生霉后落在茎秆上而引发，也有些是由于老灰霉病斑处滴水而传染到茎部。另外，有的品种属高感，在棚室辣椒经历一冬天的灰霉为害后，棚内灰霉孢子极多，会从植株茎上叶痕、果柄等处侵入引起茎秆腐烂。病斑浅褐色，不凹陷，着生灰色浓密霉毛，绕茎一周后，上部干枯。

图3 辣椒灰霉病一   图4 辣椒灰霉病二

疫病：起病急，发展快，属卵菌。多发于主干和主茎的"节"部位，即叶痕处。病斑深褐色或黑褐色，皮层不软腐，木质部变深褐色，病斑开始不凹陷，能生稀疏白霉毛，但环境干燥时较少见。一株或一根枝条上会有多处发生，也能侵入叶片和果实，使之呈水浸状，色不会变褐色，而是呈深绿色腐烂。

图5 辣椒疫病一   图6 辣椒疫病二

1. 症状区分

从病斑着生霉毛区分：生浓密灰毛为灰霉；潮湿时生稀疏白毛为疫病，不生毛为细菌性软腐。

2. 防治区别

细菌性软腐病：需喷用铜制剂或农用链霉素；可喷用琥胶肥酸铜（DT）500倍液或噻菌铜600倍液混加链霉素2 000倍液；加瑞农800倍液。

疫病：可喷用烯酰吗啉、氟吗啉、嘧菌酯、霜霉威等。

灰霉病：可喷用多·霉威、腐霉利、啶酰菌胺、异菌脲等。

3. 辣椒疫病防治要点

（1）种子消毒。采用50%烯酰吗啉可湿性粉剂2 000倍液或20%氟吗啉可湿性粉剂1 000倍液加0.136%赤·吲乙·芸薹可湿性粉剂5 000倍液浸种3小时，取出用冷水冲洗后催芽播种。

（2）预防用药。移栽前施药，采用药液喷施幼苗整株和根部土壤的方法，可选用44克/升精甲·百菌清悬浮剂800倍液，或68%精甲霜·锰锌水分散粒剂800倍液等药剂。

（3）化学防治。病株处理，如在辣椒田里发现一株或几株出现中午萎蔫，晚上稍恢复的情况，就应立即拔除，带出田外烧掉，然后用土拌石灰掩埋辣椒病穴。

药剂处理，① 辣椒定植时用20%络氨铜·锌可湿性粉剂900倍液或15%噁霉灵可湿性粉剂300倍液浸根10～15分钟。② 定植缓苗后，在发病前用77%氢氧化铜可湿性粉剂800倍液加生根剂，隔7～10天对辣椒逐株灌根，连续3～4次。③ 定植后浇水时，随水加入硫酸铜冲入田中，每亩用量为1.5～2千克，可减轻发病。

（4）生物防治。通过引入拮抗性微生物，利用抑菌作用、营养和空间竞争等降低土壤中病原菌的密度，压制病原菌的活动，一般的方法是施用生物农药制剂和生物有机肥等。

4. 利用间套作缓解疫病发生

图7　辣椒套种油麦菜

图8　辣椒套种生菜

专题三：嫁接抗土传病害技术

嫁接育苗技术是目前防治茄果类青枯病、枯萎病等土传病害的重要途径，相对于其他技术，它是一项投资少、周期短、见效快的无公害蔬菜生产技术。

嫁接在蔬菜栽培中所起的作用：克服重茬障碍，增强蔬菜的抗逆性，减少土传病害发生，一般嫁接后的蔬菜可增产15%以上。

图1　樱桃番茄嫁接苗田间调查

樱桃番茄嫁接抗病关键集成技术

1. 砧木选择

砧木选择改良托鲁巴姆，具有极高的亲和性，根系发达，高抗黄萎、青枯、立枯、斑枯及根结线虫等病害。

2. 砧木育苗技术

砧木种子先用55℃温水浸泡30分钟，不断搅拌至30℃，然后加入赤霉素1 000毫克/升浸种48小时，取出置于4℃冰箱中冷却2小时，然后放置在30℃恒温催芽处理。为3～4天，80%露白后撒播于沙床上育苗，当砧木长到两叶一心时移植到72孔穴盘里，移栽后15天左右，进行千分之三复合肥（N：P：K—15：15：5）灌根。一般在5～7片叶时进行嫁接（55～60天）。

图2　育苗基质培育砧木　　　　　图3　砂床培育砧木

3. 接穗育苗

接穗品种采用千禧，在砧木播种出芽后（20～25天），先采用0.1%高锰酸钾溶液浸泡10～15分钟，然后取出洗净在常温下用赤霉素1 000毫克/升浸种24小时，经30℃恒温催芽处理，2天后点播至60或72孔穴盘，至4～6片叶时开始嫁接（约35天进行嫁接）。

4. 嫁接前准备

接穗苗：嫁接前3～5天喷施春雷霉素或农用链霉素、代森锰锌等药剂。

砧木苗：嫁接前3～5天浇灌甲霜灵、恶霉灵等药剂，并在嫁接前1天对苗浇足水分。

5. 嫁接方法

嫁接用具主要有双面刀片、夹、细圆管。嫁接人员事先取接穗苗备好，然后整个穴盘同一方向以45°角削砧木，根据砧木茎粗挑选大小一致的接穗苗嫁接，接穗苗削的斜面跟砧木一致，然后细管先套在砧木上，把切好的接穗苗对着砧木斜面套上即可。当砧木长到5～7片真叶，接穗有4～6片真叶时即可嫁接，采用管接法，嫁接场所要遮阳。

樱桃番茄嫁接步骤：

图4　挑取4～6片叶期砧木

图5　45°角削砧木

图6　套上嫁接管

图7　同一方向以45°角削番茄

图8　番茄苗对着砧木斜面套上即可

图9　套管嫁接樱桃番茄苗

6. 嫁接后苗期管理

嫁接前做好小拱棚+塑料薄膜+遮阳网（90%以上遮光率）遮阳（大棚上也进行遮阳），嫁接后立即放进小拱棚中，第1～第3天全遮阳不透风（若遇阴天、雨天揭开遮阳网透光），第4～第6天后小拱棚内两边早晚适当揭开遮阳网和薄膜，通风透光。根据苗的需要进行补充水分，一般选择在早上10：00前浇水，并在第二次通风的时候进行一些保护药剂（甲托、代锰）的喷施；第7～第10天早晚揭开小拱棚上的遮阳网和薄膜，中午仍需盖住遮阳网；第10~第14天全揭开小拱棚上遮阳网和薄膜，此阶段进行叶面肥（0.3%磷酸二氢钾）的喷施，促进壮苗，叶片保绿；第15~第18天进行炼苗，正常管理，可出苗。

图10　嫁接苗置于遮阳小拱棚保湿

图11　嫁接苗炼苗

图12　嫁接苗根系发达

图13　大田种植

参考文献

杜公福. 2012. 海南省北运蔬菜病原真菌鉴定与生物学特性研究[D]. 重庆：西南大学.

杜公福，刘子记，李汉丰，等. 2017. 樱桃番茄叶斑病病原菌鉴定及杀菌剂筛选[J]. 中国植保
　　导刊，1：13-16.

杜公福，戚志强，李宝聚，等. 2016. 海南冬季蔬菜无性型真菌多样性研究[J]. 菌物研究，14
　　（3）：142-148.

杜公福，周艳芳，石延霞，等. 2013. 海南省冬季北运蔬菜匍柄霉叶斑病病原的鉴定[J]. 植物
　　保护，39（2）：122-127.

杜公福，刘朝贵，柴阿丽，等. 2011. 2010—2011年海南冬季北运蔬菜灰霉病的发生调查[J].
　　中国蔬菜，（15）：21-24.

李宝聚. 2014. 蔬菜病害诊断手记[M]. 北京：中国农业出版社.

刘长令. 2006. 世界农药大全[M]. 北京：化学工业出版社.

陆家云. 2000. 植物病原真菌学[M]. 北京：中国农业出版社.

吕佩珂，等. 1996. 中国蔬菜病虫害原色图谱续集[M]. 北京：农业出版社.

王恒亮，等. 2013. 蔬菜病虫害诊断原色图鉴[M]. 北京：中国农业科学技术出版社.

喻璋，等. 2008. 半知菌分属图册[M]. 北京：科学出版社.

张天宇. 2009. 中国真菌志：第31卷[M]. 北京：科学出版社.

张天宇. 2008. 中国真菌志：暗色砖格分生孢子真菌26属链格孢属外[M]. 北京：科学出版社.

张中义. 2000. 中国真菌志：第26卷[M]. 北京：科学出版社.

郑建秋. 2004. 现代蔬菜病虫鉴别与防治手册[M]. 北京：中国农业出版社.

Ellis M.B. 1971. Dematiaceous hyphomycetes[M]. England: Commonwealth Mycological
　　institute.